小实验 大道理

科学实验背后的哲理

派糖童书　编绘

3

化学工业出版社

·北京·

糖糖

熊熊

目录 contents

箭头反了

搞错方向，功夫白费

 准备甘油、玻璃杯、马克笔和一张A4纸。

先用马克笔在 A4 纸上画两个方向相同的箭头，要描得粗一些呦。

玻璃杯上不要有图案，要干净。

箭头画好了，放在杯子对面看一看吧。

就是稍小一些的箭头而已呀。

我们往杯子里倒入甘油，看看有什么奇特的变化。

哈，箭头反过来了。

科学原理

　　实验中，透过空的玻璃杯，我们看到的依旧是两个黑色的箭头。但是，往玻璃杯中倒入纯甘油后，透过玻璃杯我们看到的箭头不仅变大了，连指向也发生了反转。这是因为玻璃和甘油都会使光线折射，水杯加入甘油像一面凸透镜，会使物体影像发生放大、缩小等现象。实验中箭头变大指向也发生了反转，是因为纸放在了离这个凸透镜焦距 1～2 倍位置处，产生了"倒立放大"实像，如果放在焦距以内，纸上的箭头只会放大，如果放在 2 倍焦距以外，箭头就会缩小反向啦。

实验视频

悟出小道理

　　如果在现实生活中，路上带有箭头的路标，也发生了这种反向的变化，后果会怎样？我们恐怕会沿着路标的指向，与我们想要去的目的地反向而行，这样的话我们永远也到达不了目的地。

　　无论你想去哪，或是想学会什么技能、完成什么工作，永远记得不要搞错方向。因为方向一旦错了，我们再怎么努力也是白费功夫。

试管隐身
看到的有时只是表象

准备甘油、玻璃杯和玻璃试管。

如果家里没有甘油，一般去药店就可以买到。

爷爷，我把甘油买回来了。

把玻璃试管放入玻璃杯，然后向玻璃杯中加入甘油。

还可以看到杯子里的试管，接下来该怎么做呢？

有个办法可以让试管隐身。现在开始往试管里倒甘油吧。

哇！玻璃试管开始隐身了，难道是隐身术吗？

4

试管的消失是由于全反射。在试管里加入甘油之前，光线通过试管中的空气，然后穿过杯子中的甘油，进入我们的眼睛里，我们看到试管。空气和甘油虽然都是透明的，但是它们的折射率不同，因此试管和甘油看起来是有差别的。试管中加入甘油后，内外甘油的折射率相同，基本不发生折射，所以看起来试管好像溶解在甘油中了。

科学原理

悟出小道理

实验视频

试管是真的消失了吗？其实并不是，原因在于试管里倒入了甘油，导致了全反射现象的出现。这个小实验还是提醒我们：看不见的，不一定是不存在的；同样，我们看到的，也可能仅仅是表面现象。

其实试管有没有真正消失，我们只需用手把它拿出来就知道。所以，检验自己判断的是否准确，看到的是否真实，还是需要试一试，这样得出来的结论才最准确。

花茎躲猫猫
不要隐藏自己的闪光点

准备食用油、玻璃杯和一枝带花茎的鲜花。

如果没有鲜花，用塑料花也可以。

花店姐姐给我一枝花，香香的。

先把食用油倒入干净的杯子里，做完实验还可以炒菜。

我把花茎洗干净了。注意，有些花茎上有刺。

花茎贴着玻璃杯一侧，浸入食用油中会发生什么现象？

诶？花茎藏到哪里去了。

科学原理

我们在透明的玻璃杯中加入植物油。植物油的折射率要比玻璃更大一些，所以当我们把花枝放入油中时，花茎由于发生折射，上下会"错位"。当我们把油中的花茎靠近杯壁的时候，发现花茎神奇地消失了，这是因为杯壁处发生了全反射，花茎反射的光不能透过玻璃杯，所以我们在玻璃杯的外侧就看不到花茎了。物体反射的光只有进到我们的眼睛中，我们才能看到它哦！

悟出小道理

实验视频

茎反射的光被杯子壁遮挡住，因此"消失"了。其实我们每个人也都有自己的闪光点，比如热情开朗的性格、善于思考的精神、认真负责的品质等，再比如你可能有很好的美术、音乐、运动等天赋。

都说"是金子总会发光"，但如果发出来的光被遮挡住，别人也同样看不到那块金子。所以，尽管谦虚低调是值得称赞的，但我们不应该隐藏自己的闪光点，只有让别人看到你的闪光点，才能对你有多一些的了解，你也会因此得到更多的尊重和肯定。

消失的硬币
真理需要不断检验和挖掘

准备烧杯、硬币和一瓶自来水。

硬币压在空烧杯下面，不过这个过程先别让熊熊看到。杯子放好后，再让他看。

用的是我的纪念币。

现在，往杯中倒入清水，看一看会发生什么事情？

咦，被吞掉了！爷爷，快把纪念币还给我。

熊熊不要急，现在挪开杯子。看，纪念币又出现了。

我知道了，这也是全反射现象，对吧？

科学原理

我们能够看到东西是因为我们眼睛能感应到来自物体的光，可能是物体本身发出的光，也有可能是物体反射的光。硬币反射的光在水中发生了全反射，所以我们无法看到硬币反射的光，也就无法看到硬币。

悟出小道理

实验视频

向杯子里倒入清水后，硬币神奇的"消失"了。只有把杯子里的水取走，或是移开杯子，我们才能再次见到杯底的那枚硬币。

在这个世界上，很多真理或是财富就像杯子下面的这枚硬币一样，你看不到它的存在，只有经过不断深入地挖掘之后，它才会出现在你的眼前。

空气炮
示弱并非真弱，
逞强并非真强

准备气球、透明塑料杯、橡皮筋和几支蜡烛。

先找来剪刀，把气球的整个细嘴部分剪掉。

大概剪掉了三分之二，剩下的三分之一用来做什么呢？

将气球剩下的三分之一套在塑料杯口上，用橡皮筋扎紧，然后在杯底打一个洞。

我的手太小，还是让爷爷来吧。

爷爷，给我留一个，我要玩。

好啦，现在握紧杯口的气球，另一只手揪起气球皮。然后，松手发射！怎么样，蜡烛被打灭了吧。

当我们拉动塑料杯口的气球皮时，利用气球皮给杯子里的空气一个压力，让空气压缩，压缩后的空气从杯底的小孔涌出去，产生强大的冲击力，将点燃的蜡烛"打"灭。

实验视频

悟出小道理

看似"软弱"的空气，也能变成厉害的"武器"，是不是很让人意外？这个实验也同时带给我们这样的启发：在人际交往过程中，有时候不能太过软弱，该厉害的时候也应该厉害起来，只有这样才能更好地保护自己。

当然，让自己厉害起来，并不等于我们可以肆无忌惮地去欺负别人，而是指在别人欺负我们的时候，我们能够更好地保护自己的利益。小到个人，大到国家，都应该有这种自我保护的意识。

爱的扩音器
量力而为，不要勉为其难

准备长纸筒、手机、两个纸杯子、笔和剪刀。

用剪刀或者小刀在长纸筒上挖一个能插入手机的洞，如图所示。熊熊，长纸筒找到了吗？

找到了，是卷保鲜膜的硬纸筒。

在两个纸杯的侧面各挖一个正好放进纸筒的洞，洞可以用纸筒比着来画。

剪圆洞要小心。

把纸杯接在长纸筒的两端。杯口朝前，长纸筒的洞朝上。然后手机放音乐，插在纸筒的洞中。

哇，声音比刚才大了许多。

科学原理

声音在空气中会向四面八方传播，只有一部分被我们听到。使用扩音器让声音只通过两个孔出来，两个孔对着我们，就把大部分声音都送到我们耳朵里了，声音就更大啦！

悟出小道理

实验视频

如果你的手机音量已经开到最大，但手边又找不到扩音设备时，那就不妨按照实验的方法，自己动手做一个吧。

生活中，有很多事物是我们无法改变的，就比如音量开到最大的手机，但我们又需要做出一些改变，怎么办呢？这个时候我们不妨开动一下脑筋，看看能不能利用手上现有的资源来创造出自己想要的效果。

做人做事也是这样，一定要灵活一点，懂得变通。无法改变的事情就不要勉强自己了，否则最终浪费了时间和心情，到头来什么也没得到。

葫芦瓶射线
善用"放大镜"做精做细

准备一个葫芦瓶、纸和马克笔。

先给空葫芦瓶里面灌满水，然后用马克笔把纸中间涂黑。

涂呀涂，涂呀涂。

找到阳光充足的地方，调整好葫芦和纸的距离，让光线在纸上集中成一个小亮点儿。

哇，纸冒烟了，葫芦射线很厉害呀。

熊熊啊，这个瓶子不能随便放在有阳光的地板上哟，做完实验，要把水倒掉。

爷爷，外面的阳光更充足，我们出去做实验吧。

科学原理

葫芦瓶就像一个放大镜（凸透镜的一种），有聚光的作用，把太阳光聚集到一点。在这一个点上，太阳光的热量也高度集中，产生高温，当温度达到纸的燃点时，纸就燃烧起来。

悟出小道理

实验视频

装满水的葫芦瓶，就像放大镜一样，将太阳光聚焦在一个点上，从而产生出巨大的热量。我们在学习或做事情时，也应该向放大镜学习，越是能做到集中注意力，心无旁骛，就会越高效，学习或做事完成的结果越好。

俗话说"细节决定成败"，我们还可以像放大镜一样，对学习、研究或工作中的一些小细节形成"聚焦"，这样不但能够培养我们的细节意识，还能帮助我们改掉粗心马虎的坏习惯。

防御太阳拳
分享越多，收获越多

实验剧场

 准备放大镜、黑白两色气球和打气筒。

先把黑气球塞入白气球中，然后用打气筒把它们吹大，扎口别漏气。

哈哈，爷爷吹的气球又瘪了。

找个阳光充足的地方，使用放大镜，把阳光聚焦在气球上。

接招吧，太阳光波。

不要着急，慢慢调整光线的焦点，一会儿就能看到有趣的事情发生了。

诶，为什么只有黑气球爆掉了？

科学原理

凸透镜具有聚光作用，可以将平行的光线汇聚到一点，从而产生高温。由于黑色吸收光线，而白色反射光线，因此白色气球里边的黑色气球会爆炸。

悟出小道理

实验视频

没有人不喜欢光，黑白两个气球也是如此。不过和白气球相比，黑气球更愿意自己一个人吸收，不愿传递和分享。正所谓"物极必反"，最终黑气球"吃不消"了，爆炸了。而白气球自己吸收了一部分能量，还把其它的光反射出去，使自己成了别人的"发光体"。

在生活中，我们其实也应该多像白气球那样，把一些正能量的东西和有用的知识分享出去，不做一个自私自利的人。你分享的越多，将来收获的也会越多。在你帮助别人的同时，其实也是在帮助你自己。

牛奶密码
热情不减，惊喜会不断

准备一袋牛奶、杯子、白纸、棉签和酒精灯。

把牛奶倒进杯子，然后用棉签蘸牛奶在纸上随便写写画画。

写点儿什么好呢？嗯……有了。

现在让爷爷把纸放在酒精灯上烤一烤，看看熊熊写的什么。

嘿嘿，字迹出现啦，实现我的愿望吧！

熊熊写的什么呀？爷爷看不懂，愿望无法实现啦。

爷爷你赖皮，上面明明写着"多多零花钱"。

科学原理

这张"无字天书"一样的纸条，秘密源于牛奶中丰富的蛋白质，蛋白质在高温下会发生化学变化。当我们写字时，因为牛奶和纸都是白色的，所以颜色并不明显。但是用火烤了之后，牛奶发生了"蛋白质变性"，字显现出来。

实验视频

悟出小道理

在高温加热的作用下，牛奶中的蛋白质发生了化学变化，才有了本质的改变。如果我们也能对一些事情或在一些领域上，抱有极高的热情，你也可能会收获到意想不到的惊喜。

无论是学科学、学外语，还是学音乐或一项体育运动等，有了热情，你很容易主动地去学习和练习，在学习的过程中也更容易集中注意力，效率更高，效果更好。

除此之外，热情还是人际关系的"催化剂"，一个充满热情的人，更容易给对方留下良好的印象，在短时间内赢得别人的好感。

气鼓鼓的气球
单丝不成线，独木不成林

准备白醋、小苏打、气球、空瓶和漏斗。

空瓶里倒入一些白醋；气球接在漏斗上，倒入一些小苏打。

白醋倒好了，大概一纸杯。

把气球套在装有白醋的塑料瓶口上，注意，先不要把小苏打撒入瓶中。

虽然不知道会发生什么现象，但是好期待。

套紧气球，然后把气球立起来，让小苏打撒入瓶中，看！

哈，气球被吹大了，我就知道会很好玩。

科学原理

气球里的小苏打倒入瓶中与白醋发生化学反应，产生大量二氧化碳气体。由于气球与瓶子是一个密闭的空间，二氧化碳气体不能到外面去，因此将气球吹得鼓鼓的。

悟出小道理

实验视频

这个实验蕴含着一个道理，合作能够产生"1+1 大于 2"的作用，就像小苏打和白醋"合作"，产生了剧烈的化学反应，生成大量的二氧化碳将气球吹起。

为什么合作的力量如此巨大呢？这是因为在合作的过程中，每个人都能发挥出自己的独特优势，将这些优势结合起来就能产生出令人惊讶的力量。想想看，如果没有五根手指的合作，我们连一支笔都拿不起来，但有了五根手指的合作，我们就可以做很多的事情，创造出很多东西来。

正所谓"单丝不成线，孤木不成林"，我们从小不仅应该发展自己的特长优势，也应该培养与人合作的意识。

黑巫师的饮料

格格不入只能分道扬镳

准备可乐、牛奶和玻璃杯。

我们先把瓶子里的可乐倒一些出来，大半杯就可以。

瓶子里剩下的可乐可以喝吗？

然后再剪开牛奶袋，把牛奶倒入可乐瓶里。

爷爷，杯子里的可乐可以喝吗？

乖，等做完实验再喝可乐吧。先观察一下瓶子里的变化。

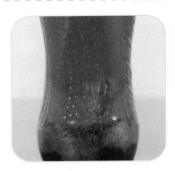

哇，牛奶可乐混在一起看起来脏脏的，不想喝。

科学原理

可乐是一种常见的汽水，其中含有大量的碳酸，而牛奶中含有大量的钙。一方面，碳酸和钙发生反应，生成不溶于水的白色沉淀状物质——碳酸钙；另一方面，可乐中的碳酸等会使牛奶中的蛋白质变性，以白色絮状物析出。

悟出小道理

实验视频

牛奶和可乐都很好喝，但混合在一起会更好喝吗？不仅味道发生了改变，而且还产生了絮状物碳酸钙。和上一个实验相比，牛奶和可乐的"合作"显然是不理想的。

现实生活中，并不是所有的合作都会产生"1+1大于2"的理想效果。比如一些食物单独吃没有问题，但放在一起食用，可能还会对人体带来不健康的影响。

我们在与别人合作时，也应该注意这一点，如果选错了合作的伙伴，不仅不能发挥出各自的优势，还可能会闹出不愉快，得到令人遗憾的结果。

酸碱变色龙
拿别人的"镜子"照自己

准备白醋、碱性清洁剂、两只玻璃杯、榨汁机、紫甘蓝和过滤漏斗。

先用榨汁机把紫甘蓝打成汁，然后用过滤漏斗把甘蓝汁过滤出来。

爷爷，这个实验可以用水果吗？

现在将过滤好的甘蓝汁，分别倒入两个玻璃杯中。

一人一杯。

接下来，往一个杯子里放白醋，另一个杯子里放碱性清洁剂。看看颜色有什么变化？

哇，我们做出了变色龙魔药。

24

科学原理

实验中的紫甘蓝汁，加了白醋的那杯变成红色，加入碱性清洁剂的变成绿色。其实，紫甘蓝汁是一种酸碱指示剂，可以用来区分酸和碱！

悟出小道理

实验视频

实验中，紫甘蓝成了指示剂，就像一面镜子，能帮我们快速区分出酸碱性。我们每个人都想让自己变得更优秀，那么如何进步得更快呢？这里有个简单的方法，那就是让别人成为我们的"镜子"。

很多时候，我们对自己的了解并不是准确的，包括我们的优点和缺点。我们眼中的自己是一个样子，可能在别人的眼中又是另一个样子。多问问别人对自己的看法，我们能更快速地了解到自己的问题，找到自己的不足，然后加以改进，这样我们才能更快速的进步。

隐形消防员

坏习惯要靠好习惯来征服

准备三支蜡烛、醋精、小苏打和量杯。

先把醋精倒入量杯中，不用倒太多，有一些就够了。

我把醋精倒好了。

现在，我们将三支蜡烛依次点燃。

好像有点儿过生日的气氛了。

接下来，将小苏打倒入量杯中，然后量杯口靠近燃烧的蜡烛。

是什么熄灭的火焰呢……我知道啦，是二氧化碳！

科学原理

蜡烛的燃烧需要氧气。醋精和小苏打放在一起会发生化学反应，产生大量的二氧化碳气体。二氧化碳是一种阻燃物。当烧杯靠近蜡烛，溢出的二氧化碳就会覆盖住火焰周围的空间，隔绝了氧气，蜡烛就熄灭了。

悟出小道理

实验视频

二氧化碳就像一双隐形的手，隔绝了氧气，无声无息地熄灭了蜡烛。坏习惯也是如此，它看不到摸不着，一旦养成，也会无声无息地给我们造成伤害。

举例来说，如果你经常看手机玩游戏，不仅占用了你本该学习或锻炼身体的时间，还会导致近视眼等健康问题。再比如，你养成了做事拖拖拉拉的习惯，会在无形中降低你对时间的使用效率，让你没有时间去学习更多的知识、做更多有价值的事情。

当然，我们每个人都不是完美的，但对于坏习惯来说，还是越早改掉越好。

吵闹的柠檬

不要针锋相对，可以和而不同

准备餐刀、柠檬、盘子、手套、小苏打和颜料。

把柠檬尖尖的两头切掉，变成"碗"，然后用餐刀在里面搅一搅。

哇，好大的柠檬味儿。

柠檬果肉搅烂之后，滴入颜料，再撒上一些小苏打。

切掉的部分归我了。舔一舔，噢！好酸啊。

现在找一根牙签轻轻地在柠檬里搅一搅，看看会有什么变化。

哇，变得一团糟，不过柠檬好像有了新发型。

科学原理

柠檬里面含有酸性物质，如柠檬酸、苹果酸、烟酸等。当我们加入小苏打，小苏打是碱性的，就和里面的酸性物质发生反应，迅速产生大量二氧化碳气体，随之有泡沫产生。二氧化碳占据了空间，柠檬内部的液体就溢出了一部分。

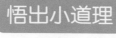

悟出小道理

实验视频

看到了没？碱性的小苏打遇到酸性的柠檬酸，发生了激烈的"冲突"。这个小实验也给我们一个提醒，世界上万事万物不一定都能和谐相处，出现矛盾和争议是非常正常的现象。

比如在学校里，你可能就会遇到某个和你"合不来"的同学，他甚至可能还会处处为难你，就好像是你的"死对头"。遇到这种情况，你应该怎么办呢？

首先，我们可以通过积极的沟通来改善彼此的关系；但如果发现在短时间内很难改善，那么不妨和他保持一定的距离，这样做可以减少误解和矛盾的出现。

柠檬汁护肤品
提高自身的"抗氧化"力

实验剧场

 准备苹果、柠檬、水果刀。

拿起水果刀，把柠檬和苹果从中间切开，一定要注意安全。

我最喜欢这种实验了，可以吃。

把柠檬汁涂抹在切开的苹果果肉上，然后放一放，等待苹果发生变化。

呀，这个苹果会变得非常酸吧。

咦？两个苹果颜色不一样。爷爷，我们还是吃苹果吧，给。

乖宝儿，爷爷已经咬不动苹果喽，还是给你讲科学原理吧。

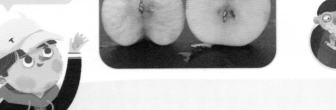

科学原理

切开的苹果在空气中容易被氧化，变成褐色。柠檬汁中含有维生素C，是一种抗氧化剂。在苹果暴露面抹上柠檬汁之后，它就被柠檬汁保护了，所以在一定的时间内就不会变色。

悟出小道理

实验视频

随着年龄的增长，我们对这个世界的接触会越来越深入，很有可能被一些不好的习气"氧化"。

那么，如何尽量减少这种"氧化"呢？其实我们也需要给自己增加一层"柠檬汁"，提高自身的"抗氧化"能力。这层"柠檬汁"就是正确的世界观、人生观和是非观，我们可以通过阅读一些伟人的书籍来帮助自己树立正确的观念，心中有了"正念"，就不那么容易被"氧化"了。

可乐灭火器
凡事不要急着下结论

准备一瓶可乐、打火机、牙签和塑料杯。

把可乐倒出去一部分，开瓶的时候要慢一点哦，可乐有可能会冒出来。

将瓶子里的可乐喝掉，嘿嘿。

轻轻摇动可乐瓶，让里面产生可乐气泡，不要摇得太猛。

小气泡在唱歌。

现在，点燃牙签，然后把燃烧的火苗探入瓶口，熊熊你看。

哇，火苗灭了。

科学原理

可乐当中溶解了大量的二氧化碳，而二氧化碳有灭火的作用，所以摇晃可乐瓶时，二氧化碳释放出来，火焰遇到了天敌二氧化碳，就熄灭了。

悟出小道理

实验视频

如果把瓶里的可乐换成白水，还能熄灭火柴吗？答案是否定的。

虽然都是透明的空气，但摇晃过的可乐瓶里充满了大量二氧化碳，白水无论怎样摇晃，里面都是标准的空气，起不到灭火的效果。

这个实验提醒我们，有很多事物看起来一样，但本质上却有天壤之别，只有通过科学的研究才能找到其中的区别。我们在探索这个世界的过程中也要注意这一点，凡事先不要着急下结论，科学的分析远胜于简单的观察判断。

橘皮汁破坏王
进步不骄傲，低谷不急躁

准备一个新鲜橘子和一个气球。

先把气球吹起来，扎好。然后剥橘皮，果肉给熊熊吃。

爷爷我爱你。

现在拿起橘子皮，对着气球挤橘皮汁，注意不要喷到别人眼睛里。

爷爷我给您留了一半，您接着挤吧。

持续对着气球同一个地方挤橘皮汁液，直到气球……

哇！气球突然爆了，吓我一跳。

34

科学原理

橘子皮里含有一些芳香烃类化合物，这种化合物是溶剂，它们会导致橡胶溶解。吹胀的气球壁很薄，本身承受着很强的压强，溅上橘子皮汁的部位迅速溶解后会让内部压强不均，气球随之爆炸。

实验视频

悟出小道理

吹大后的气球壁变薄了，所以很容易在压力的作用下发生爆炸。这个实验也蕴含着一个深刻的道理，如果我们平时太过骄傲自满，有一点进步便膨胀起来，就会像一个吹大的气球。当我们忽然间遇到一些压力时，比如一次考试失利，或是一件事没做好挨了批评，我们的心态有可能会像气球一样出现"崩溃"。

所以说，保持谦逊的态度和一颗平常心，对你来说很重要。取得进步的时候不骄傲，处于低谷的时候不急躁，只有这样你才能稳定持续地进步。

柠檬胀肚灵
计划在先，压力减轻

实验剧场

准备一杯自来水、小苏打、柠檬汁和矿泉水瓶。

　　往矿泉水瓶里倒入小苏打，再加入半瓶水，拧好盖子摇一摇。

像可乐一样有气泡。

　　打开瓶盖，倒入柠檬汁，然后迅速将瓶盖拧紧，防止漏气。

哇，打开瓶盖听到"呲"的一声。

　　现在，每隔一段时间捏一捏矿泉水瓶，看看有什么变化。

矿泉水瓶变得越来越硬，已经快捏不动了。

科学原理

我们平常喝的汽水，即碳酸饮料，里面的"汽"指的是二氧化碳。二氧化碳在水中形成碳酸，汽水给人的那种刺激感就是因为碳酸的缘故。在这个实验中，小苏打与柠檬汁发生反应，在瓶中生成大量二氧化碳气体。因为瓶子是个密闭空间，所以随着气体的不断生成，瓶子内压强会变大，变大的压强又促使二氧化碳气体溶解到水中，最终形成了汽水。

悟出小道理

实验视频

柠檬汁遇上了小苏打，产生的大量气体让矿泉水瓶内的压力突然增加。想想看，你有没有遇到过这样的情况，在同一段时间里，有两件重要的事情需要做，但越想把两件事同时做好，就越做不好。

不如换一种方式——集中精力做完一件事，再做另一件事。比如今天你有 5 项学习任务，我们可以先制定一个小的计划，想好先做哪个后做哪个（可以由易到难），然后一项项地去完成，这样就能有条不紊地完成你的计划，而整个过程也没有太多的压力。

炸弹 "薄荷糖"
"小" 也有力量

准备一瓶可乐和薄荷糖。

这是个有趣的实验，最好在大盆、浴缸或者水池中进行。

我知道这个实验！哇，好兴奋。

打开可乐瓶盖，准备放入"炸弹"薄荷糖。两粒就有效果哦。

爷爷，我来放，我来放。

哈哈，跟视频里一模一样。爷爷，我们再买个超大瓶可乐吧。

好吧！不过只能买一瓶啊。

科学原理

薄荷糖的加入促使可乐中溶解的二氧化碳迅速释放，喷发出来，甚至会产生小型爆炸的效果。所以薄荷糖和可乐，不要同时食用哦！

悟出小道理

实验视频

一颗小小的薄荷糖就能让可乐像火山爆发一样"喷射"，这个实验告诉我们一个道理："小"也有力量。比如智能手机，最为核心的组成就是一块小小的芯片。

除此之外，很多不经意的小事或小习惯，也蕴含着巨大的能量。比如你每天记住一个英文单词，听起来是一件非常微乎其微的小事情，但坚持一年，就能记住300多个单词，如果是十年呢？

同样，假如我们每天比昨天进步百分之一，听上去也很微小吧，但如果保持下去，一年之后你会发现自己有翻天覆地的变化。

捕捉"小太阳"
逆向思维来帮忙

准备两只生鸡蛋、空矿泉水瓶和盘子。

把两个鸡蛋打开，然后倒入盘子里，蛋黄要保持完整。

哈哈，好像卡通太阳眼镜。

轻轻捏扁矿泉水瓶，然后对准盘子里的鸡蛋黄，再松开瓶子一吸。

哇，直接把蛋黄吞进去了。

爷爷，我想吃蛋炒饭。

这个办法可以快速把蛋黄和蛋清分离，是不是很方便！

科学原理

这个实验用到了大气压的原理，捏扁的矿泉水瓶里的气压小于外界的大气压，于是大气压就把蛋黄压入矿泉水瓶中。

悟出小道理

实验视频

按照常规，很多人通常会想着如何把蛋黄灌进塑料瓶里，但很少有人能够想到用"吸"的方式把蛋黄吸入瓶中。其实这个实验很好地提醒了我们，在解决一些问题上，可以试着打破常规，或许问题就一下子被解决了。

经验固然很重要，但并不是万能的，如果我们过于依赖过往的经验，在遇到一些新的问题上就可能束手无策。如何做到这一点呢？我们在遇到问题时，可以试着寻找不同的方法，比如我们之前说到的逆向思维、发散思维等等。长此以往，你的大脑会越来越灵活。

火爆橘子皮
天生我才必有用

准备一个新鲜橘子、蜡烛和打火机。

先点燃蜡烛，剥橘子的任务就交给熊熊了。

呵呵呵，好喜欢。

现在，拿起橘皮对着蜡烛火焰挤橘皮汁，对面不能站人哟。

用橘皮来灭火吗？

熊熊猜错喽，不是灭火，你来看！

呀，喷出的橘皮汁成了火线，看来不是水分。

科学原理

橘子皮中含有天然的香精油等助燃成分。用手捏橘皮时，皮中的液泡爆裂，香精油随橘子皮汁一起喷出，遇火燃烧。这个跟酒精喷灯的原理有点类似。

悟出小道理

实验视频

　　没想到，橘子皮里的液体竟然能被当作"燃料"来用。其实不仅如此，在生活中人们发现，橘子皮还可以驱蚊虫，给冰箱除味，也有一定的养生保健功效。了解了这些，下次吃完橘子你是不是不舍得扔皮了呢？

　　俗话说"天生我材必有用"，看似没用的橘子皮也有很多的用途，再不起眼的人也会在一些方面有所成就。明白了这个道理后，我们更应该对自己多一些自尊和自信，相信自己在未来一定能够找到自己擅长的领域和方向。

夹心净水器
去粗取精

准备花岗岩粒、瓷砂、活性炭、石英砂，净水套件。

开始组装净水器，从上到下分别是：花岗岩粒、瓷砂、活性炭、石英砂。

这个实验工具很新奇啊。

净水器组装完毕，然后用一次性杯子接水，水中放入少许泥土。

爷爷，我从你的花盆里弄了点儿土。

搅一搅泥水，然后倒入净水器顶端的漏斗中，然后慢慢等。

呀，流下来的水变清澈了。不过爷爷说，里面还有超多的细菌。

科学原理

在净水套件中，花岗岩石子的直径大，石子之间间隙大，所以放在最上方作为第一道"关卡"，过滤粗大的杂质；瓷砂，间隙小一些，进一步过滤泥浆等细小的杂质；活性炭是第三道"关卡"，它的表面积很大，有很多孔隙，对水中杂质起吸附作用，还可以去除异味；第四道的石英砂，也起到进一步过滤和吸附的作用。

悟出小道理

实验视频

通过一层层的过滤和沉淀，污水被净化成为清澈的水。正所谓"去粗取精"，知识的海洋是宽广无限的，我们每天学习的内容也是丰富多彩的，但并不是所有我们学到的内容都是有用的，也需要"过滤"掉一些无用的内容，保留下精华的内容。比如我们上课做笔记，你不可能记下老师说的每句话，也没必要这样做，只需要把精华的内容记录下来。

除了学习知识，我们每天还会接触到大量的信息，其中有一些是虚假的信息，还有一些是无用的信息，所以我们也应该做好筛选，只保留那些真实的、对我们有用的信息。

谁是熟鸡蛋
寻找最优路径

准备一个生鸡蛋和一个熟鸡蛋。

鸡蛋准备好了，现在进行旋转实验，猜一猜哪个鸡蛋转得时间长。

我想，应该都一样。

现在，把其中一个鸡蛋立起来，然后用手指旋转它。

嗯，大概转了几秒。

现在转另一个鸡蛋，可马上就倒了。你知道哪个是生的，哪个是熟的吗？

我想到了蜂蜜刹车！生鸡蛋转得慢。

科学原理

生鸡蛋里面的蛋黄和蛋白是液体，当我们转动鸡蛋后，蛋壳开始旋转，而鸡蛋里面的液体由于惯性的作用，要保持原来的静止状态，所以生鸡蛋旋转起来比较慢。反之，熟鸡蛋里面的蛋黄和蛋白是固体，而且和鸡蛋壳已结为一个整体，当我们转动鸡蛋后，各部分一同旋转，所以旋转起来的速度比生鸡蛋要快一些。

悟出小道理

实验视频

谁说只有打破鸡蛋才能区分出生和熟？

实验告诉我们：只需转一转鸡蛋，就能快速分辨。世界上有很多的事情，我们可以用复杂的方式去解决，但是也可以动动脑筋，想想看有没有化繁为简的方法。

化繁为简并不是简单的"讨巧"，而是一种寻找最优路径的意识。比如在解决一道实际问题时，可能存在很多种方法，但其中一定有一个方法是相对最简单有效的。找到这个方法，省时又省事。

盐水鸡蛋
改变不了环境，就改变自己

准备一袋食盐、新鲜生鸡蛋、烧杯。

接半杯清水，放入一把盐，用筷子搅一搅使盐融化，然后放入鸡蛋。

鸡蛋飘起来了，能让它沉下去吗？

想让鸡蛋沉下去，只需要往里面加入清水就可以了。

哈，果然沉下去了。那，我再放点儿盐。

爷爷，这个小水杯做实验不过瘾，我们用大盆吧。

熊熊啊，用大盆做实验，可要用到很多的盐，那不就造成浪费了吗？还是听爷爷讲道理吧。

科学原理

液体与鸡蛋之间的密度关系是影响沉浮的原因。在盐水里的鸡蛋浮了起来，那是因为鸡蛋的密度比盐水小。不断往盐水中加入清水，鸡蛋会渐渐往下沉，那是因为加入的清水越多，烧杯中盐水的密度越小，直到比鸡蛋的密度还小。

悟出小道理

实验视频

水的密度改变了，鸡蛋的位置也随之发生了改变。如果我们把自己看作是那个鸡蛋，所处的环境其实就是盐水。当我们周围的环境发生改变时，我们自己也要做出相应的调整，来适应环境的变化。

举个例子，生活在家里，你被父母照顾得很好，吃穿不愁，但是在学校里、社会中，环境发生了改变，没有人会特别照顾你，你就需要适应这种环境，不仅要学会自己照顾自己，有时候还需要你去照顾别人。

鸡蛋仙子

以硬碰硬，不如以柔克刚

准备白醋、鸡蛋、铁钉、牙签、盘子和玻璃杯。

先把鸡蛋洗干净，然后用铁钉在两端各打一个小孔。

呀，用力过猛，敲碎了一个。

打完孔，用牙签把蛋清和蛋黄搅一搅，然后把蛋液吹出来。

看来又得浪费一个鸡蛋。

往玻璃杯里倒入醋精，放入鸡蛋壳，让醋精从小孔中灌入，让鸡蛋完全浸泡在醋精中。

爷爷说，鸡蛋两天后会变半透明，好期待。

科学原理

蛋壳的主要成分是碳酸钙，而醋的主要成分是醋酸，蛋壳在醋中会发生反应。蛋壳表面产生的气泡是二氧化碳气体。放久了，蛋壳会完全溶解，直到剩下蛋壳内的膜（膜不能溶解于醋）。

悟出小道理

实验视频

没想到坚硬的蛋壳也有"软肋"，在醋里"泡个澡"竟然溶解了。

这个小实验带给我们这样一个启发，生活中有一些看起来很强硬、不好打交道的人，如果想说服他们，我们不要"以硬碰硬"，可以试着找到他们的"软肋"，往往能起到很好的效果。

美容蛋
积重难返

准备醋、蜂蜜、两个生鸡蛋和两个玻璃杯。

两个玻璃杯中各放入一个鸡蛋，再分别倒入醋，泡3天。

这回是两个鸡蛋仙子！

将两枚泡好的"鸡蛋仙子"简单清洗，再分别放入蜂蜜和醋中，泡3天。

这个实验时间好长啊。

时间已到，将醋和蜂蜜倒出去。看看鸡蛋有什么不同变化。

一个皱巴巴，一个白胖胖。

科学原理

当薄膜两边相同物质（例如蛋白质）的浓度不同时，会产生渗透压，使某些物质（例如水）透过薄膜，渗入另一边，以使薄膜两边物质的浓度相同。受到渗透压的影响，醋中的水分透过半透明薄膜，进入鸡蛋内，把鸡蛋撑大。而蜂蜜中的鸡蛋，因为内部糖的浓度低于周围蜂蜜的浓度，内部的水分透过薄膜跑出来，而变成了褶皱的鸡蛋。

悟出小道理

实验视频

如果"鸡蛋仙子"在醋和蜂蜜中只泡了几分钟时间，还会有这种明显的反差吗？显然是没有的。其实无论是在醋中还是在蜂蜜中，鸡蛋都被所处的环境改变了。这个过程是悄无声息且缓慢的，最初我们看不到鸡蛋有明显的变化，但随着时间的推移，醋中的鸡蛋变大了，蜂蜜中的鸡蛋变瘪了。

这个实验阐明了一个道理，你的行为习惯会被环境所影响，一开始你可能察觉不到，但日积月累，在别人眼中的你会有明显的变化。环境对于一个人的改变力量是巨大的，我们应该努力让自己处于一个优秀的环境中，从环境里吸收学习好的习惯、好的品格和好的思想。

宝宝纸尿裤

温故而知新

准备一瓶水、烧杯和尿不湿。

先把尿不湿拆开，然后把里面的吸水材料放进烧杯里。

哦，是尿不湿，怪不得有种熟悉的感觉。

接下来，一点一点往烧杯中倒入清水，然后等待一会儿。

有点像冬天的白雪呀。

现在，从烧杯里面拿出一些吸水材料，看一看与之前有什么不同。

哇，小颗粒吸水变大了，真好玩儿。

54

科学原理

我们可以看到，水被从尿不湿中拆出来的吸水棉全部吸收了。原本干燥的吸水棉，变成了晶莹剔透的一簇簇小颗粒。这种吸水棉，是一种强大的吸水材料，可以吸收比自身体积大许多的水分，并能将水分贮存在其中。

实验视频

悟出小道理

通过实验我们发现，吸水棉不仅能吸水，而且还能锁住水分。如果我们在学习知识的时候，也能像一块吸水棉似的，既能快速地吸收知识，又能把知识牢牢记住，该有多棒呢？其实这也不难做到。

首先，在学习知识的时候，集中注意力，多去思考和实践，并进行大量的阅读和练习，对知识的吸收速度就会加快。那么如何牢牢"锁住"我们所学到的知识呢？

这就需要我们花时间复习了。因为大脑的记忆是有曲线的，如果不复习，学到的知识很容易被遗忘。正所谓"温故而知新"。养成定期复习和做练习的习惯，把知识牢牢记住，才算真正掌握了。

面团累酸了
看问题不要以偏概全

准备面粉、酵母、水和厨房用的盆。

先往盆里倒入面粉，按说明比例倒入酵母，再加入适量温水，不过水温不要超过 40 摄氏度。

爷爷，我要玩。

乖，别调皮，一会儿给你烤蛋糕。接下来把面揉成团，放在温暖的地方。

爷爷，你的鼻子上有面。

时间差不多了，面应该发好了。熊熊，快来看一看吧。

哇，面团胖了，还有这么多眼儿，酸酸的。

科学原理

我们用来发面的酵母，是一种具有活性的单细胞真菌。在温度适宜的潮湿环境下，酵母这种神奇小生物体内含有一种酶，能把面粉里的糖分解为二氧化碳和水。我们看到的面团表面的气孔，就是大量二氧化碳，从面团表面跑出去造成的。面团看上去比之前更潮湿了，是因为在分解过程中产生了水的缘故。

悟出小道理

实验视频

面粉在酵母菌的帮助下发酵，变得又大又蓬松。但一提到真菌、细菌、病毒这些微生物，很多人都会感到一丝畏惧，觉得很多疾病的发生都和这些"小东西"有关。

的确，在自然界中，存在着各种各样的微生物，有的的确会对人体的健康造成不利，比如流感病毒、大肠杆菌等。

但不是所有的微生物都对人不利，实验中提到的酵母菌，还有维护肠道健康的益生菌等，都有益于人类。而且聪明的人类还使用某些细菌、病毒来帮助治愈某些疾病呢。

看到这里你明白了吗？在看问题的时候，要避免片面化，而是应该努力做到全面。

自制酸奶
小改变可能带来大变化

准备一盒原味酸奶，一盒原味奶，玻璃杯。

先往杯子里倒入牛奶。不过一定要注意生产日期哟。

已经流口水了。

接下来，往牛奶中倒入半盒酸奶作为引子。

爷爷，盒盖上的酸奶留给我。

等酸奶好了，我要往里面加水果丁。

将混合奶放在温暖的地方，大概8小时。冬天的话，时间可以延长些。

科学原理

你发现没有，自制酸奶的秘诀，就是在牛奶中接种乳酸菌。在这个实验中，我们用的是现成的酸奶作为乳酸菌的来源。乳酸菌在合适的温度下会大量繁殖，随着乳酸菌越来越多，牛奶就变成酸奶啦！

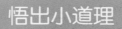

悟出小道理

实验视频

牛奶之所以能变成酸奶，是有了乳酸菌的参与，发生了巨大的变化。正所谓"一石激起千层浪"，有时候我们一点点小的改变，就可能带来巨大的改观。比如说你忽然间得到了一根梦寐以求的铅笔，就可能一下子激发起认真写作业的激情，整个人的学习态度在一段时间内都有了明显的改观。

这也提醒我们，如果发现自己在一段时间内缺乏上进心，学习成绩停步不前，那么不妨试着做一点点改变，比如用个目标、奖励来激励自己，再或者给自己寻找一个学习的榜样，借助偶像的力量来激励自己。

呼吸的"气球"

学以致用，知行并进

准备一个空矿泉水瓶和一个气球。

把瓶子稍稍捏扁，气球不用吹，将气球头部放入瓶中，气球嘴儿翻出来套在瓶口。

这次不用小苏打和醋酸了吗？

现在捏一下瓶子宽的地方，让瓶子鼓起来。

哈，气球也鼓起来了。

这个实验可以用来模仿肺的呼吸原理，再捏扁一些。

气球又瘪了，好好玩儿，像个小嘴巴。

科学原理

　　人们呼吸的时候，肺就像这个实验里的气球，吸气和呼气都是由水瓶的压缩膨胀控制的。人体吸气时，胸腔体积增大，肺中的气压小于体外大气压，空气被压入肺中；呼气时，胸腔体积减小，肺中的气压增大，大于体外大气压，气压差使肺中的气排出体外。

悟出小道理

实验视频

　　通过这个小实验，我们可以看到，肺的呼吸其实利用了气压的变化。正如我们在之前说到的那样，很多看似复杂的现象或行为，背后都蕴含着科学的解释。而反过来，我们还可以利用科学的原理去进行发明和创造。

　　比如在仿生学中，人们根据蜻蜓的飞行原理发明创造出了直升机，根据青蛙的视觉原理发明了电子蛙眼，根据鱼类在水中自由升降的原理发明了潜艇。

　　总之，通过实验和学习，我们可以掌握事物背后的科学原理，在未来，更应该努力用学到的知识创造价值，这样才叫学以致用。

豆芽向日葵
向阳而生，逐光而行

准备小豆芽、不透光纸盒和泡沫板。

在泡沫板上挖一个小洞，然后把豆芽种在上面。

注意，小豆芽不能插反哟。

在纸盒上打个洞，在豆芽泡沫板上浇点水，放入纸盒，合上盒盖，放在光线充足的地方。

那个小孔朝着阳台外面，对吧。

经过几天等待，终于可以打开盒子了。看，小豆芽大了。

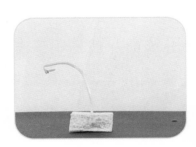

可是，大豆芽驼背了。

62

科学原理

在这个实验中，豆芽顶端分泌的生长素，在背光的一侧分布较多，促进该侧加速生长。背光侧的生长比向光侧快，因而豆芽就朝向光侧弯曲。

悟出小道理

实验视频

在自然界中，很多植物都喜欢向光生长，阳光能带给它们成长的能量。在我们从小到大的成长过程中，如果也能经常汲取"阳光"的力量，一定也会变得更健康更快乐，成长的速度更快。

那么，谁是你成长中的"阳光"呢？

你的"阳光"可以是一本振奋人心的伟人传记，也可以是身边最优秀的同学，还可以是那些充满正能量的格言语录，总之，找到你的"阳光"，你会更快乐地成长。

盘栽大蒜
勇于打破常规，攻坚克难

实验剧场

准备三瓣蒜、泡沫板和盘子。

在泡沫板上挖三个洞，大小刚好能插入蒜瓣就可以。

哈哈，好像个鬼脸儿。

现在，把蒜瓣插入小洞里面，要保持统一方向哟。

爷爷，我在盘子里倒完水了。

现在，把蒜瓣泡沫塑料板放入盘中，漂在水上。要蒜瓣头朝上。

爷爷说，过几天就会长出蒜苗了。

科学原理

蒜瓣在温度和湿度适宜的环境下开始生长，长出蒜苗。用泡沫让蒜瓣飘在水上，是为了避免蒜瓣接触过多的水而呼吸不畅。

大蒜并不是水生植物，所以当大蒜开始生根以后，最好将根的一半留在水中，而另一半暴露在空气中。这样既可以给根提供水分，又不会因为水给得太多导致烂根。

悟出小道理

实验视频

实验表明，创造合适的条件，大蒜在水中也能生长。在未来的世界里，我们可能会面临地球人口的急剧增加和资源的匮乏，甚至还可能会把部分人类移民到其他星球上。如果不能再像以前那样种植粮食蔬菜，人类该怎么办呢？

其实实验已经告诉了我们一个办法：那就是打破常规，没有条件的时候去创造条件，来帮助我们克服困难，解决问题。当然，创造条件并不是瞎创造，而是根据科学原理去创造，所以离不开知识的积累。

植物的呼吸

爱护自然和地球

准备一株盆栽植物和一个大塑料袋。

这是个什么样的实验呢？

先给我们的植物浇水。

好像妈妈烫发时的样子。

然后用塑料袋把植物包起来，注意，不要把花盆包在里面。

唉，上面都是小水珠，是热出汗了吗？果然和烫发很像。

已经过了几个小时，现在和熊熊一起去看看吧。

66

科学原理

在这个实验中，我们能观察到套在盆栽植物上的塑料袋，在几个小时后，其内侧有许多水珠，这是植物的蒸腾作用的证明。蒸腾作用是植物中的水分主要通过叶子散发到空气中的过程。它是一种复杂的生理过程。其主要过程为：土壤中的水分→根毛→根内导管→茎内导管→叶内导管→气孔→大气。最令人惊奇的是，植物幼小时，暴露在空气中的全部表面都能进行蒸腾作用。

悟出小道理

实验视频

植物的蒸腾作用对人类有什么贡献呢？

研究发现，植物的蒸腾作用可以为大气提供大量的水蒸气，让当地空气的湿度增加，环境温度降低，并且有了蒸腾作用的参与，能够更容易形成降雨，而雨水进入地面后被植物吸收，又可以再次被蒸腾到大气中，形成了良性的循环。这些都是对人类及生活环境极为有益的。

所以，如果我们不注意对环境的保护，肆意破坏和砍伐植物，必将影响到我们自己的生活环境，最终受到威胁的还是我们自己。爱护自然和地球，就等于爱护我们自己。

知识点参考列表